BEI GRIN MACHT SICH IHR WISSEN BEZAHLT

- Wir veröffentlichen Ihre Hausarbeit,
  Bachelor- und Masterarbeit

- Ihr eigenes eBook und Buch -
  weltweit in allen wichtigen Shops

- Verdienen Sie an jedem Verkauf

Jetzt bei www.GRIN.com hochladen
und kostenlos publizieren

Nikita Basargin

Aus der Reihe: e-fellows.net stipendiaten-wissen

e-fellows.net (Hrsg.)

Band 1343

Positronen-Emissions-Tomographie in der Krebsdiagnostik. Grundlagen, Technik und Funktionsweise

GRIN Verlag

Impressum:

Copyright © 2013 GRIN Verlag GmbH
Druck und Bindung: Books on Demand GmbH, Norderstedt Germany
ISBN: 978-3-656-96949-5

Dieses Buch bei GRIN:

http://www.grin.com/de/e-book/300776/positronen-emissions-tomographie-in-der-
krebsdiagnostik-grundlagen-technik

Oberstufengang 2012-2014
Facharbeit im W-Seminar Biophysik

Positronen-Emissions-Tomographie

Nikita Basargin
12. November 2013

Inhaltsverzeichnis

1 Einleitung: Grundidee und Anwendung

Hört man die Abkürzung *PET* zum ersten Mal, denkt man meistens entweder an eine PET-Flasche oder an ein Haustier. Die Einwohner von Peru werden an ihre Zeitzone, „Peru Time", denken und manche Schüler und Studenten werden sich an den „Preliminary English Test" erinnern. Die *Positronen-Emissions-Tomographie*, ein bildgebendes Verfahren in der Medizin, wird auch mit PET bezeichnet.

Die Positronen-Emissions-Tomographie, verglichen mit Röntgenaufnahmen oder mit einem Elektrokardiogramm, ist eine sehr moderne Untersuchungsmethode, die sich in der heutigen Zeit schnell verbreitet und an Bedeutung gewinnt. Mithilfe der PET lassen sich unterschiedliche Krankheiten diagnostizieren, der Stoffwechsel untersuchen, die Proteinsynthese und Durchblutung visualisieren. Die PET eröffnet Wege für neue Untersuchungsmethoden, die früher nicht denkbar waren. Sie ist zuverlässig, schnell und bietet eine hohe Auflösung, die bei der Entdeckung von kleinen Tumoren entscheidend ist. Außerdem können die Ergebnisse einer PET-Untersuchung mit den Ergebnissen von weiteren bildgebenden Verfahren aus der Medizin, wie der *Computertomographie* (CT) oder *Magnetresonanztomographie* (MRT), verbunden werden, um sowohl die Anatomiedarstellung als auch die Informationen über Stoffwechselprozesse zu kombinieren.

Wie jede neue Richtung in der Medizin, lässt die PET noch viel Freiraum für Verbesserungen und Optimierungen offen und ist somit eine sich ständig weiterentwickelnde Untersuchungsmethode. Darüber hinaus ist die Positronen-Emissions-Tomographie interdisziplinär, kann aus unterschiedlichen Blickwinkeln beschrieben werden und verbindet Biologie mit Physik und Medizin. Alle diese Eigenschaften sind verantwortlich für die schnelle Entwicklung und steigende Bedeutung von der PET und machen diese Untersuchungsmethode zu einem interessanten Thema.

Ziel dieser Arbeit ist es, die Grundlagen und die Funktionsweise der Positronen-Emissions-Tomographie zu beschreiben. Zunächst werden die Verwendungsgebiete von der PET, sowie physikalische und biologische Grundlagen dargestellt. Im nächsten Kapitel werden der technische Aufbau und die historische Entwicklung der Geräte erklärt. Das nachfolgende vierte Kapitel beschäftigt sich mit der Funktionsweise und der Bildgebung. Im Anschluss an die Funktionsweise werden der radioaktive Aspekt dieser Untersuchungsart, die Problematik und Gefahren erläutert. Im sechsten, letzten Kapitel, wird die medizinische Anwendung der PET genauer betrachtet.

Die genaue Beschreibung der Stoffwechselprozesse, ärztliche Kompetenzen, sowie die Entwicklung der Software und weitere Randthemen werden in dieser Arbeit nicht behandelt.

2 Grundlagen

Die Positronen-Emissions-Tomographie ist ein nicht-invasives bildgebendes Verfahren aus der Nuklearmedizin, das physikalische Phänomene für die Visualisierung der biologischen Vorgänge ausnutzt. Im Folgenden werden die Grundidee der PET, sowie physikalische und biologische Grundlagen erläutert, die für das Verständnis der Funktionsweise entscheidend sind.

2.1 Verwendungsgebiete

Um Krankheiten erfolgreich behandeln zu können, werden Informationen über den aktuellen Verlauf der Krankheit benötigt. Besonders bei schweren Krankheiten können diese Informationen für den Patienten lebenswichtig sein. Bei solchen Erkrankungen muss der Arzt oft Entscheidungen treffen, welche Therapie angewendet werden soll. Um Fehler zu vermeiden, die schwerwiegende Folgen tragen können, ist ein zuverlässiges Diagnoseverfahren notwendig.

Die Positronen-Emissions-Tomographie ermöglicht es Stoffwechselprozesse im Organismus zu beobachten. Dabei werden je nach der Diagnoseart unterschiedliche *Biomoleküle* verwendet, die radioaktiv markiert sind. Sie werden in den Stoffwechsel eingeschleust, verhalten sich wie normale Stoffe und können aber im Gegensatz zu diesen detektiert werden. So werden Informationen über bestimmte Stoffwechselprozesse gewonnen. Die Krankheiten, die Auswirkungen auf diese Prozesse haben, werden dadurch auch erkannt.

Als Ergebnis der Untersuchung entsteht ein dreidimensionales Bild, das erhöhte Konzentrationen der eingeschleusten Biomoleküle anzeigt. Körperstellen mit hohen Konzentrationen werden genauer betrachtet, da sie auf potentielle Krankheiten hinweisen. Mit diesen Informationen können die Ärzte genaue Diagnosen stellen und somit die richtige Therapie anordnen.

Die Positronen-Emissions-Tomographie wird in vielen medizinischen Bereichen, wie der *Neurologie*, verwendet. Die Patienten können auf Epilepsie, Parkinson, Demenz und weitere Krankheiten untersucht werden. Die Proteinsynthese wird beobachtet. In der *Kardiologie* können Durchblutungsstörungen visualisiert oder Schädigungen des Herzmuskels entdeckt werden. Das Risiko einer Bypass-Operation wird mithilfe von der PET eingeschätzt. [1] Ein weiterer Bereich ist die *Onkologie*. Die Krebsdiagnostik ist eine der wichtigsten Aufgaben der Positronen-Emissions-Tomographie. Entdeckung von Tumoren, Bestimmung des Krankheitsstadiums, sowie Überprüfung des Therapieerfolges werden mit den PET-Untersuchungen durchgeführt. [1, 2, 3]

2.2 Physikalische Grundlagen

Im Universum kommen viele unterschiedliche Teilchen vor. Die Grundbausteine für größere Strukturen, wie Atome und Moleküle, sind die *Elementarteilchen*, die nicht weiter aufteilbar sind. Man findet sie im *Standardmodell der Elementarteilchenphysik*, das in der Abb. 1 dargestellt ist.

Dieses Modell enthält zwölf Elementarteilchen, die als *Fermionen* bezeichnet werden. Dazu zählen sechs Quarks und sechs Leptonen. Fermionen und nichtelementare Teilchen, die aus Fermionen aufgebaut sind, bezeichnet man als *Materie*. [5, 6]

Zu jedem Teilchen der Materie existiert ein dazugehöriges Antiteilchen. So gibt es beispielsweise zu einem Proton ein Antiproton und zu einem Elektron ein Antielektron, auch Positron genannt. Alle Antiteilchen lassen sich mit dem Begriff *Antimaterie* zusammenfassen. [6, 7]

Eine Wechselwirkung der Materie mit Antimaterie führt zu einer *Annihilation*. Mit Annihilation bezeichnet man in der Physik den Vorgang, bei dem ein Elementarteilchen auf ein dazugehöriges Antiteilchen trifft. Dabei wandeln sich die beiden Teilchen in andere Teilchen oder Photonen um, wobei die Energie- und die Impulserhaltung gelten. Damit die beiden Teilchen wechselwirken und annihilieren können, muss das Teilchenpaar eine gewisse Mindestenergie besitzen. Die entstehenden Produkte hängen von Edukten und Gesamtenergie ab. [8, 9]

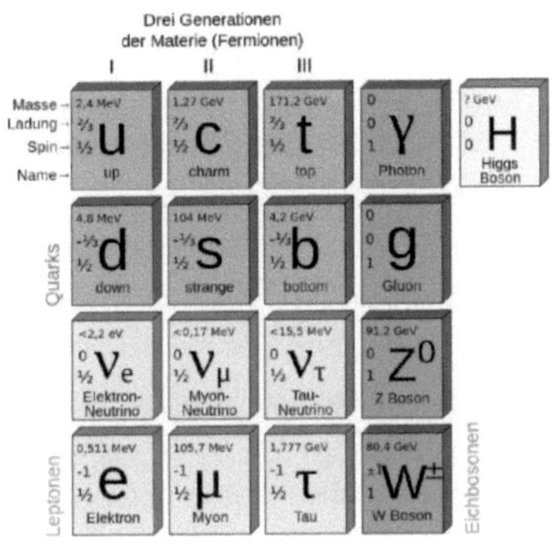

Abb. 1: Standardmodell der Elementarteilchenphysik [4]

Es stellt sich die Frage, warum diese Prozesse für die PET relevant sind und wie man sie für die Messungen verwenden kann. Die Positronen-Emissions-Tomographie basiert, wie der Name schon sagt, auf der Emission von Positronen, die durch radioaktiven Zerfall entstehen. Grundsätzlich gibt es drei Arten der Strahlung, die durch den Zerfall entstehen können:

1. **α-Strahlung**

   Beispiel: $^{146}_{62}\text{Sm} \rightarrow ^{142}_{60}\text{Nd} + ^{4}_{2}\text{He} + 2{,}45 \text{ MeV}$

2. **β^-- und β^+-Strahlung**

   Beispiel (β^-): $^{198}_{79}\text{Au} \rightarrow ^{198}_{80}\text{Hg} + e^- + \bar{\nu}_e$

   Beispiel (β^+): $^{40}_{19}\text{K} \rightarrow ^{40}_{18}\text{Ar} + e^+ + \nu_e$

3. **γ-Strahlung**

   Beispiel: $^{60}_{28}\text{Ni}^* \rightarrow ^{60}_{28}\text{Ni} + \gamma$

Einige Stoffe emittieren beim β^--Zerfall ein Elektron sowie ein Elektron-Antineutrino. Bei dem β^+-Zerfall, der bei der PET eine entscheidende Rolle spielt, werden hingegen die Antiteilchen emittiert: ein *Positron* (e^+) und ein Elektron-Neutrino (ν_e). Die Positronen-Emissions-Tomographie verwendet diese Positronen für die Durchführung der Messungen, allerdings nur indirekt, denn die Positronen sind in der Umgebung der normalen Materie sehr kurzlebig.

Gleich nach der Entstehung werden die Positronen durch Stöße mit anderen Atomen abgebremst und können dann mit den Elektronen wechselwirken, da sie nach dem Zerfall des β^+-Strahlers eine ausreichende Energie besitzen. Trifft ein Positron auf ein Elektron, annihilieren die beiden und geben ihre kinetische und Ruheenergie (jeweils 511 keV) in Form von *zwei γ-Photonen* frei ($e^+ + e^- \rightarrow 2\gamma$). In manchen Fällen können mehr als zwei Photonen entstehen. Solche Fälle treten seltener auf (<0,3% der Fälle) und können bei der PET nicht für die Messungen verwendet werden. [10]

Diese beiden nach der Annihilation entstandenen Photonen haben mindestens die Ruheenergie eines Elektrons bzw. eines Positrons, die 511 keV beträgt. Die Photonen werden in beinahe entgegengesetzte Richtungen emittiert. Die kleine Abweichung von 180° kommt dadurch zustande, dass das Elektron-Positron-Paar vor der Annihilation einen Anfangsimpuls besitzt, der wegen der Impulserhaltung auf die beiden Photonen übertragen wird. Ist der Anfangsimpuls gleich 0, ist die Richtung genau entgegengesetzt. In der Praxis ist der Impuls vernachlässigbar klein und somit kann für die Winkelgröße zwischen den beiden Photonen 180° angenommen werden. [8]

Die Abb. 2 zeigt die Entstehung eines Positrons durch den β^+-Zerfall, die Abbremsung durch Stöße und die anschließende Annihilation des Positrons mit einem Elektron, bei der ein Photonenpaar entsteht. Diese Photonen werden bei der PET für die Messungen verwendet, da ihre Energie bekannt ist. Dadurch kann man sie von den anderen Photonen eindeutig unterscheiden.

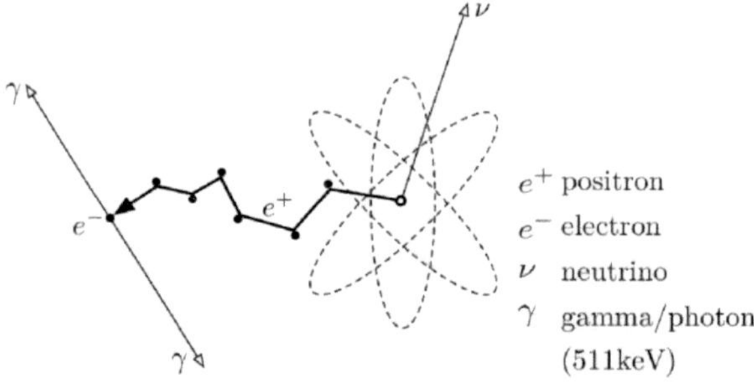

Abb. 2: β^+-Zerfall [4]

2.3 Biologische Grundlagen

Stoffwechsel ist ein Merkmal des Lebens und spielt für jedes Lebewesen eine entscheidende Rolle. Stoffe werden aufgenommen, transportiert, umgewandelt und ausgeschieden. Diese biochemischen Reaktionen dienen zum Körperaufbau und zur Energiegewinnung.

In bestimmten Körperorganen laufen unterschiedliche Stoffwechselreaktionen ab. Dabei werden bestimmte Stoffe und Enzyme benötigt. In der Lunge wird das Blut mit Sauerstoff angereichert, im Magen und im Darm wird die Nahrung verdaut und in den Muskeln wird die für die Bewegung benötigte Energie aus den Stoffen freigesetzt. Die Konzentration der Stoffe im Körper ist je nach Organ unterschiedlich.

Störungen im Stoffwechsel können negative Folgen haben und zu Krankheiten führen. Umgekehrt wird im Falle einer Krankheit der Stoffwechsel oft gestört und die Stoffkonzentrationen verändern sich. Besonders starke Veränderungen finden in Tumoren statt. Beispielsweise bei Krebstumoren wachsen die Zellen viel schneller als im Normalfall. Dieses Wachstum erfordert mehr Energie, wobei Verbrauch und Konzentration von Glucose in diesen Zellen ansteigen. [8] Bei anderen Krankheiten können sich die Konzentrationen der anderen Stoffe ändern. Werden diese Veränderungen entdeckt, kann man aus diesen Informationen Schlüsse über die Krankheit ziehen. Bei Tumoren kann die Lage und die Größe bestimmt werden.

2.4 Verbindung zwischen Biologie und Physik

Die Idee der Positronen-Emissions-Tomographie verbindet Biologie, Physik und Medizin. Man nutzt physikalische Phänomene aus um Krankheiten zu entdecken und biologische Aspekte genauer zu erforschen.

Hauptsächlich wird bei der PET nach Veränderungen im Stoffwechsel gesucht. Diese Veränderungen können unter Verwendung von radioaktiv markierten Biomolekülen, auch *Tracer* genannt, detektiert werden. Bei einem solchen Molekül wird ein stabiles Atom mit einem ähnlichen radioaktiven β^+-Strahler ersetzt. Dadurch verhält sich das geänderte Molekül für den Körper beinahe genau so wie ein unverändertes Molekül und wird normal in den Stoffwechsel aufgenommen. Nach einer gewissen Zeit zerfällt das radioaktive Atom und sendet beim Zerfall ein Positron aus. Dieses Positron annihiliert mit einem Elektron in der Umgebung und es entstehen Photonen, die gemessen werden können.

Die PET funktioniert bei den Störungen im Stoffwechsel, bei denen sich die Tracer an einer Stelle ansammeln. Diese Stellen (z.B. Tumore) enthalten eine erhöhte Konzentration an radioaktiven Atomen, die langsam zerfallen. Dadurch emittieren diese Körperstellen mehr Photonen, als die anderen. Ein PET-Scanner misst die Intensität an jeder Stelle des Körpers. So werden erhöhte Konzentrationen an bestimmten Stellen sichtbar, die auf Krankheiten deuten können. Für unterschiedliche Untersuchungen auf Krankheiten werden unterschiedliche Tracer verwendet. [3, 8]

3 Technik

Das Konzept der Positronen-Emissions-Tomographie existiert seit den 1950er Jahren. [11] Ein Grund dafür, dass die PET nicht früher entwickelt wurde, ist ihr komplexer technischer Aufbau. Auch heutzutage ist die Technik noch nicht perfekt und neue Verbesserungen kommen immer wieder dazu.

3.1 Anforderungen

Im vorherigem Kapitel wurden viele unterschiedliche Anforderungen an die PET-Technik gesetzt. Es muss möglich sein einzelne Photonen mit der Energie von 511 keV detektieren zu können. Die Photonen werden paarweise in entgegengesetzte Richtungen aus dem Untersuchungsobjekt ausgestrahlt. Da die Richtung im Voraus nicht vorhergesagt werden kann, muss die Technik möglichst große Flächen abdecken. Je größer die Fläche, desto mehr Photonen werden detektiert und umso besser werden die Ergebnisse.

Eine weitere Anforderung ist die Bestimmung des Entstehungsortes der Photonen. Dabei wird eine hohe Auflösung vorausgesetzt, damit die Ergebnisse für Diagnosen und Untersuchungen verwendet werden können. Die Messresultate müssen zuverlässig sein und Messfehler sollen verhindert werden.

Die Untersuchung darf nicht zu lange dauern, da lebende Objekte untersucht werden, die sich immer in Bewegung befinden. Je länger die Untersuchung dauert, desto mehr Fehler entstehen durch die Atmung und den Herzschlag. Da Patienten oft komplett untersucht werden müssen, sollen die Geräte entsprechend groß sein und den gesamten Körper untersuchen können. Dies kann auch schrittweise passieren und wird in der Praxis so durchgeführt. Außerdem ist zu beachten, dass die Herstellungs- und Wartungskosten der Geräte nicht zu hoch sein dürfen, da die PET sonst für die Patienten nicht finanzierbar wäre.

Alle diese Anforderungen führen dazu, dass der technische Aufbau eines Positronen-Emissions-Tomographen im Detail sehr komplex wird. Im Folgenden wird der technische Aufbau genauer erläutert.

3.2 Aufbau

Ein PET-Scanner ist ringförmig aufgebaut. Aktuelle PET-Scanner haben mehrere Ringe, die ca. 30 bis 40 *Detektormodule* aufweisen. Ein Modul besteht aus vier bis acht *Detektorblöcken*. Ein Detektorblock besteht aus mehreren Einzelkristallen, die mit *Photomultipliern* verbunden sind. Je nach Modell des PET-Scanners kann ein Detektorblock von 4x4 bis 13x13 Einzelkristalle und bis zu 4 Photomultiplier enthalten. Ein Kristall ist ca. 6 bis 8 mm breit und ca. 20 bis 30 mm tief. Ein Ring eines modernen PET-Scanners enthält also 10.000 bis 20.000 Kristalle und ca. 1000 Photomultiplier. [8] In der Abb. 3a ist ein Detektorblock dargestellt. Sichtbar sind 8x8 Einzelkristalle, die an vier Photomultiplier angeschlossen sind.

Der Patient befindet sich in der Mitte des Scanners. Bei einem Zerfall eines β^+-Strahlers werden aus dem Körper zwei Photonen emittiert, die beinahe gleichzeitig durch die Detektoren gemessen werden. Die Signale werden mit einem Computer, auch *Coincidence Processing Unit* genannt, verarbeitet und an einen oder mehrere weitere Computer weitergeleitet, die Bilder aus den Daten erstellen. Auf diese Weise wird ein Bereich des Körpers untersucht. Die Abb. 3b zeigt das gesamte System: einen PET-Scanner, einen Coincidence Processing Unit und einen weiteren Computer, der die Ergebnisse anzeigt.

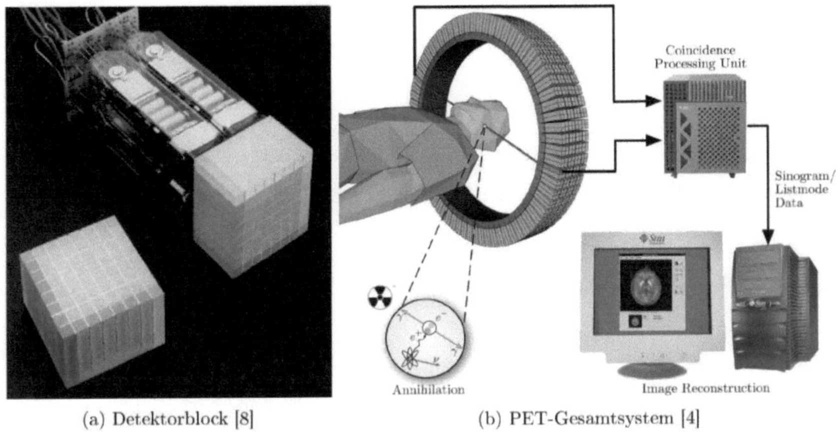

(a) Detektorblock [8]   (b) PET-Gesamtsystem [4]

Abb. 3: Technik

3.3 Detektoren

Die Detektoren eines PET-Scanners registrieren energiereiche Photonen. Die Energie ist bekannt und liegt mit 511 keV deutlich über der Maximalenergie in der Röntgendiagnostik. Der Nachweis eines solchen Photons wird daher problematisch, da die Wahrscheinlichkeit einer Wechselwirkung mit Materie vergleichsweise gering ist. Aus diesem Grund werden anstelle von Halbleitertechnik *Szintillationskristalle* verwendet.

Die Kristalle werden beim Durchgang energiereicher Photonen angeregt und geben die Energie in Form von Licht wieder ab. Die Lichtmenge wird gemessen und es wird festgestellt ob es sich tatsächlich um ein Photon mit der Energie von 511 keV handelt. Da einzelne Photonen gemessen werden sollen und die Energien daher sehr klein sind, werden *Photomultiplier* zur Verstärkung des Signals verwendet. [11, 12]

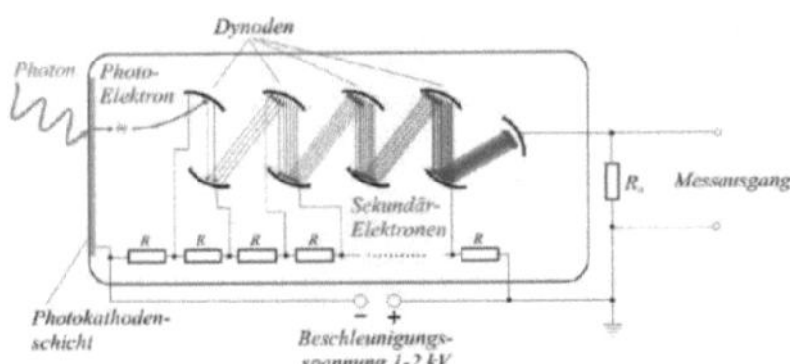

Abb. 4: Photomultiplier: Aufbau [4]

Ein Photomultiplier besteht aus einer *Photokathode* und mehreren *Dynoden*, die sich in einem evakuierten Glaskolben befinden. Trifft ein Photon auf die Photokathode, wird durch den photoelektrischen Effekt ein *Photoelektron* aus der Oberfläche der Photokathode gelöst. Das freigesetzte Elektron wird im elektrischen Feld beschleunigt, trifft auf Dynoden und setzt somit mehr Elektronen frei. Die Anzahl der Elektronen erhöht sich exponentiell mit der Anzahl der Dynoden. Die Abb. 4 zeigt den Aufbau und die Funktionsweise eines Photomultipliers. [12]

7

3.4 Erweiterungen

Die PET liefert relativ gute Aufnahmen. Unter Umständen kann die Qualität jedoch nicht ausreichend sein um wichtige Entscheidungen zu treffen. Für die Verbesserung der Untersuchungsergebnisse werden in der Praxis oft weitere Verfahren angewendet. Dazu kann spezielle Software gezählt werden, die anhand von anatomischen Daten Korrekturen vornehmen kann. Noch eine Möglichkeit besteht in der Kombination der PET und einem weiteren bildgebenden Verfahren wie CT oder MRT.

3.4.1 Computertomographie (CT)

Stoffwechselprozesse lassen sich gut mit der Positronen-Emissions-Tomographie abbilden. Allerdings fehlen oft genauere Informationen über die Anatomie der Patienten. Besonders bei kleinen Tumoren ist es wichtig zu wissen, ob ein Organ oder das umliegende Gewebe betroffen ist. Tumore im Gehirn müssen auch so genau wie möglich lokalisiert werden.

Die Informationen über den Körperbau haben weitere Vorteile. Photonen, die aus dem Körper ausgestrahlt werden, können auf ihrem Weg zum Detektor absorbiert werden. Sie werden von unterschiedlichen Gewebetypen unterschiedlich stark absorbiert. So kommen beispielsweise mehr Photonen durch das mit Luft gefüllte Lungengewebe durch, als durch die Knochen. Für jeden Gewebetyp kann eine sogenannte *Halbwertsdicke* angegeben werden. Das ist die Dicke des Gewebes, die die Intensität der Strahlung um die Hälfte reduziert. [8]

Ein Computertomograph bietet eine genaue anatomische Darstellung, die bei der Korrektur der Strahlungswerte verwendet wird. Ohne diese Korrektur kann man auf den Aufnahmen einen Kontur um den Patienten beobachten. Bei reinen PET Geräten ist die Korrektur nur mithilfe einer zusätzlichen Strahlungsquelle möglich und ist zeitaufwändig. Die Aufnahme mit dem Computertomographen erfolgt deutlich schneller. Die Ärzte können außerdem die betroffenen Organe leichter erkennen.

Kombinierte PET/CT Geräte bestehen aus einem PET-Scanner und einem Computertomographen. Ein CT ist genau wie der PET-Scanner ringförmig aufgebaut und befindet sich hinter dem Scanner. Bei manchen Modellen befinden sich PET und CT im selben Ring. Im Inneren des Computertomographen befindet sich eine Röntgenkamera, die schnell um den Patienten rotiert, während der durch den Ring nach hinten geschoben wird. Die Messdaten werden mit einem Computer bearbeitet und es entstehen Schnittbilder mit hoher Auflösung. Diese Bilder werden später mit den Ergebnissen des PET-Scanners kombiniert und bieten Informationen sowohl über den Stoffwechsel als auch über die Anatomie. [1, 2, 8] Die Abb. 5 zeigt schematisch die Rotation eines Computertomographen um den Patienten und ein kombiniertes PET/CT Gerät im Klinikum Bogenhausen.

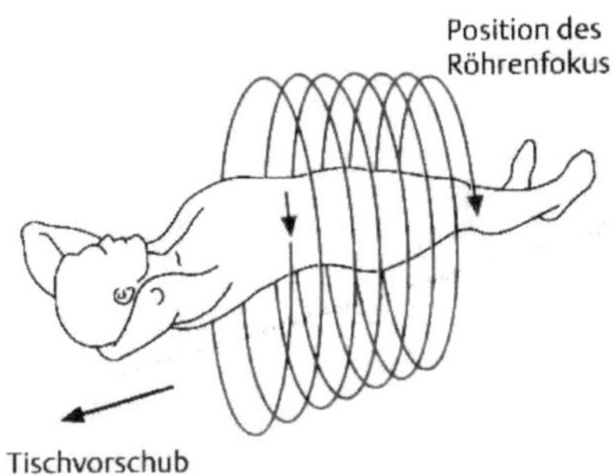

(a) Rotation des Computertomographen [13]

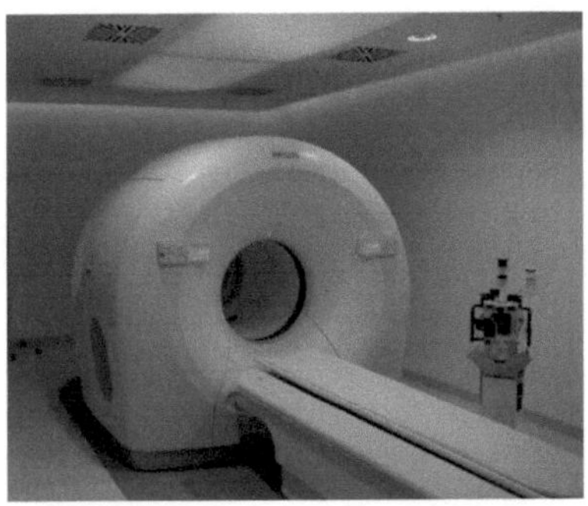

(b) PET/CT in Klinikum Bogenhausen [8]

Abb. 5: Kombiniertes PET/CT Gerät

3.4.2 Magnetresonanztomographie (MRT)

Magnetresonanztomographie unterscheidet sich in ihrer Funktionsweise von der PET. Sie basiert auf der resonanten Anregung bestimmter Atomkerne. Die Ergebnisse der Untersuchung zeigen die Struktur und Funktion der Organe. Verbindet man diese mit den Daten der PET-Untersuchung, können Zusammenhänge zwischen dem Stoffwechsel und der Anatomie leichter erkannt werden. [14]

Die PET- und MRT-Aufnahmen können entweder gleichzeitig oder sequentiell erfolgen. Bei gleichzeitigen Aufnahmen ist die Verwendung der Photomultiplier nicht möglich, da MRT starke Magnetfelder benötigt. In diesem Fall werden stattdessen Avalanche-Photodioden verwendet. [15] Bei sequentiellen Aufnahmen werden die Bilder unschärfer, weil die Aufnahmedauer länger ist und die Patienten sich dadurch mehr bewegen. [14]

3.5 Entwicklung

Das erste klinische PET-Gerät wurde im Jahre 1953 von Dr. Gordon L. Brownell entwickelt. Es konnte nur ein einzelnes Photonenpaar gleichzeitig erkennen. 1962 wurde die Idee weiterentwickelt und verbessert. Das neue Modell hatte eine höhere Auflösung und registrierte mehrere Photonenpaare, da es mehr Detektoren hatte. Die ersten ringförmigen Modelle wurden in den 1980er Jahren entwickelt. Sie hatten eine vergleichsweise hohe Auflösung und konnten deutlich mehr Photonen registrieren. Dadurch war es möglich die Menge der radioaktiven Tracer zu verringern. [11]

2001 kamen die ersten kombinierten PET/CT Geräte auf den Markt. Ab 2004 wurden nur solche Modelle entwickelt, die einfachen PET-Scanner wurden verdrängt. Philips war der erste Hersteller, der 2006 die *Time of Flight* Methode bei einem klinischen PET/CT nutzte. [16] Diese Methode ermöglicht eine präzisere Ortung der Annihilation. Dies wird durch die

Flugzeitmessung der einzelnen Photonen erreicht. In den nächsten Jahren folgten weitere Hersteller. Die Tabelle 1 zeigt die Entwicklung der wichtigsten PET-Parameter zwischen 1997 und 2007.

Jahr	Aufnahmezeit [1]	Auflösung [2]	NEC [3]
1997	90	7,0	25
1999	60	6,2	41
2001	45	6,0	50
2003	30	5,9	50
2005	20	4,2	96
2007	15	2,0	165

[1] durchschnittliche Messzeit einer 70 cm Rumpfaufnahme in Minuten

[2] räumliche Auflösung in mm

[3] Die rauschäquivalente Zählrate NEC (Noise Equivalent Countrate) beschreibt die Zählrate bei einer bestimmten Dosis unter Berücksichtigung des Streuanteils und der zufälligen Koinzidenzereignisse.

Tab. 1: Entwicklung der Gerätetechnik [17]

4 Funktionsweise

Im vorherigen Kapitel wurde der technische Aufbau beschrieben. In diesem Kapitel wird erläutert wie die Technik aus den detektierten Photonen Informationen über das untersuchte Objekt erhält. Außerdem wird die Berechnung der Bilder erklärt, die diese Informationen visualisieren.

4.1 Auswertung der Signale

Treffen zwei Photonen gleichzeitig (*koinzident*) auf zwei unterschiedliche Detektoren, wird durch eine *Koinzidenzschaltung* ein Signal ausgelöst. Das Zeitintervall dieser Schaltung beträgt zwischen 10 bis 20 ns. [11] Werden nur ein oder mehr als zwei Photonen in diesem Intervall registriert, so kommt es zu keinem Signal. In diesen Fällen ist es nicht eindeutig, wo diese Photonen entstanden sind.

Bei genau zwei koinzident gemessenen Photonen kann eine Fluglinie aufgestellt werden, die zwischen den beiden ausgelösten Detektoren verläuft. Dabei wird angenommen, dass die Photonen durch die selbe Annihilation entstanden sind. Die beiden Photonen müssen sich auf dieser Linie befinden, da der Winkel zwischen den beiden 180° beträgt. Diese Fluglinie wird als *Line of Response (LOR)* bezeichnet und ist deshalb wichtig, da die Stelle der Annihilation sich auf dieser Linie befindet. [8]

4.2 Messfehler

Photonen können auf dem Weg zum Detektor gestreut werden. Außerdem besteht die Wahrscheinlichkeit, dass die Detektoren die Photonen nicht registrieren. Dadurch entstehen Messfehler, die dazu führen, dass nicht auf jeder aufgestellten LOR eine Annihilation passiert ist.

Zufällige Koinzidenzen entstehen dann, wenn in einem Zeitintervall zwei Photonen gemessen wurden, die durch unterschiedliche Annihilationen entstanden sind. Verändert ein Photon die Flugrichtung durch die Streuung, so spricht man von einer gestreuten Koinzidenz. [11] Mögliche Situationen sind in der Abb. 6a dargestellt.

Eine Möglichkeit viele Messfehler zu vermeiden bieten *Kollimatoren*. Sie verhindern, dass Strahlung von der Seite in die Detektoren gelangt. Der Nachteil bei der Verwendung der Kollimatoren sind viele Photonen, die nicht nachgewiesen werden. Etwa 99,99 % der Strahlung wird ausgeblendet, weshalb bei modernen PET-Scannern meistens keine physikalischen Kollimatoren verwendet werden. [8] Die Abb. 6b zeigt die Funktionsweise eines Kollimators. Nur die Strahlung, die senkrecht auf den Detektor einfällt, wird durchgelassen. Schräg einfallende Strahlung wird gefiltert.

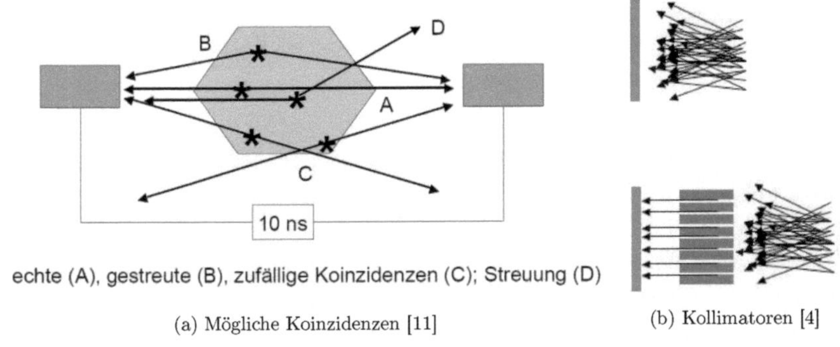

(a) Mögliche Koinzidenzen [11]   (b) Kollimatoren [4]

Abb. 6: Koinzidenzen und Kollimatoren

4.3 Verarbeitung im 3D Raum

Die Positronen-Emissions-Tomographie liefert dreidimensionale Aufnahmen. Dabei wird der Raum in viele würfelförmige *Voxel* („**volumetric pixel**") aufgeteilt. Die Voxel entsprechen im zweidimensionalen Raum den Pixeln. So wird es möglich jedem Punkt im Raum eine Intensität eindeutig zuzuordnen.

Die Detektoren leiten die Signale an den Coincidence Processing Unit weiter. Dieser Computer stellt anhand von den Positionen der Detektoren eine Line of Response (LOR) auf, auf der eine Annihilation stattgefunden hat. Im Verlauf der Untersuchung sammeln sich die Daten an, viele LORs werden aufgestellt. Im nächsten Schritt wird jedem Voxel die Anzahl der Lines of Response zugeordnet, die durch ihn durchgehen. Die Intensität in einem Voxel resultiert aus dieser Anzahl. Je mehr Linien einen Punkt im Raum durchlaufen, desto mehr Annihilationen sind in diesem Punkt passiert. Für Voxel, durch die weniger als zwei Linien durchgehen, können keine Aussagen gemacht werden, da der Ort der Annihilation auf einer LOR nicht feststellbar ist. [8]

Die Auflösung hängt von der Größe der Voxel ab. Mit steigernder Sensitivität der PET-Scanner wurde die Größe der Voxel verkleinert. Dennoch ist es nicht sinnvoll die Größe beliebig klein zu wählen. Gewisse Ungenauigkeit bleibt unabhängig von der Technik. Es können lediglich Orte der Annihilation festgestellt werden, die nicht identisch mit den Orten der Zerfälle sind. Grund dafür ist die Flugstrecke der Positronen, die nicht gleich mit den Elektronen annihilieren. Die mittleren Abstände variieren je nach dem verwendeten Isotop, siehe dazu auch Tabelle 2 auf der Seite 13. [11]

Wenn Daten über den Körperbau verfügbar sind, die mit einem Computertomographen aufgenommen wurden, kann eine *Schwächungskorrektur* durchgeführt werden. Bei dieser Korrektur werden die Absorptionseinflüsse des Körpers auf die Photonen errechnet. Für jedes Gewebetyp ist die Halbwertsdicke bekannt, bei der die Intensität der Strahlung um die Hälfte abnimmt. Im Verbindung mit der Position des Voxels im Körper kann für jedes Voxel ein Absorptionskoeffizient berechnet werden. So erhalten beispielsweise Voxel an der Oberfläche niedrigere Absorptionswerte als die, die im Inneren liegen. [8]

4.4 Bilderstellung

Nach der Untersuchung sind Daten über die Intensität im Raum vorhanden. Diese müssen in Bilder umgewandelt werden, damit die Ärzte sie analysieren können. Ein Bild zeigt immer einen Schnitt durch den Patienten. Um ein solches Bild zu erhalten werden die Daten aller Voxel genommen, die auf einer Ebene liegen. Dann wird jedem Bildpunkt mindestens ein Voxel zugeordnet. Die Farbe der Bildpunkte hängt von der Intensität der entsprechenden Voxel ab.

Auf diese Weise werden mehrere Bilder erstellt, die den Patienten schichtweise zeigen. Ärzte können jede Körperstelle untersuchen und sich durch den Patienten nach vorne und nach hinten „bewegen". Die Schnittbilder könnten den Patienten entweder von vorne, von rechts oder von oben zeigen. Im letzten Schritt können die Bilder mit den CT oder MRT Aufnahmen kombiniert werden, um zusätzliche Informationen einzublenden. [8] Die Abb. 7 zeigt eine CT, eine PET und eine kombinierte Aufnahme.

5 Radioaktivität und Radiopharmaka

Die Positronen-Emissions-Tomographie ist ein Bereich der Nuklearmedizin und die Radioaktivität spielt bei dieser Untersuchungsart eine entscheidende Rolle. Die genutzten Arzneimittel, *Radiopharmaka*, müssen vor der Untersuchung hergestellt und dem Patienten verabreicht werden. In diesem Kapitel wird der radioaktive Aspekt der PET erläutert.

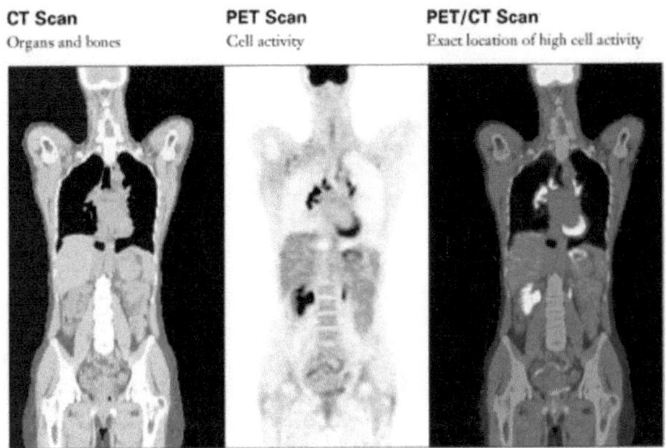

Abb. 7: CT-Aufnahme, PET-Aufnahme und eine kombinierte Aufnahme [18]

5.1 Isotope

Nicht alle radioaktive Isotope können bei der PET verwendet werden. Das verwendete Isotop muss ein β^+-Strahler sein und es muss möglich sein, es an ein Biomolekül anzuhängen. Die chemischen Eigenschaften des Moleküls dürfen dabei nicht verändert werden. Die Tabelle 2 zeigt die meist verwendete Isotope mit den wichtigsten Eigenschaften. Je kleiner die mittlere Weglänge der e^+ zum Annihilationsort ist, desto höher ist die maximal mögliche Auflösung.

5.2 Moleküle

Mit PET können viele unterschiedliche Krankheiten diagnostiziert werden. Für jede Krankheit wird bei der Untersuchung ein bestimmtes Biomolekül verwendet. Das meist verwendete Molekül ist die ^{18}F-*Fluor-Desoxyglucose* (FDG). Es handelt sich um ein Glucose-Molekül bei dem ein Sauerstoffatom mit ^{18}F ersetzt wurde. Die Struktur ist in der Abb. 8a dargestellt. Glucose wird im ganzen Körper benötigt und sammelt sich besonders in Krebszellen, die einen überdurchschnittlich schnellen Stoffwechsel haben. Die Anzahl der unterschiedlichen Biomoleküle wird jedes Jahr größer. Die Abb. 8b zeigt die verwendeten Moleküle in 2005 und 2011.

Isotop	Habwertszeit (min)	Mittlere Weglänge der e^+ zum Annihilationsort (mm)
^{11}C	20,4	0,3
^{13}N	10,0	1,4
^{15}O	2,1	1,5
^{18}F	109,7	0,2

Tab. 2: PET-Isotope [2, 11]

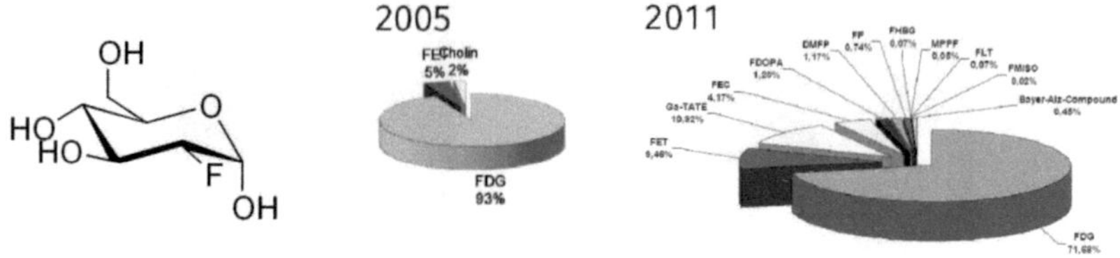

(a) ^{18}F-FDG [4]

(b) PET Radiopharmaka [2]

Abb. 8: PET-Moleküle

5.3 Herstellung

Alle Isotope, die bei der PET verwendet werden, haben kurze Halbwertszeiten und können aus diesem Grund nicht weit transportiert werden. Sie müssen lokal hergestellt und an ein Biomolekül angehängt werden. Die Herstellung erfolgt mit einem *Zyklotron*. Beispielsweise werden ^{18}O Atome mit energiereichen Teilchen (typische Energien: 10 MeV) beschossen um ^{18}F herzustellen. [2, 11] In Deutschland gibt es insgesamt 25 Herstellungsorte. [19]

Nach der Herstellung der Isotope werden diese an die Biomoleküle angehängt. Die Herstellung von FDG ist entweder mit der *elektrophilen Addition* oder der *nukleophilen Substitution* möglich. [20] Anschließend erfolgen Reinigung und Qualitätskontrolle der hergestellten Radiopharmaka.

5.4 Gefahren

Radioaktive Strahlung ist gesundheitsschädlich. Besonders gefährlich sind Zerfälle, die innerhalb des Körpers stattfinden. Zerfallsprodukte sind sehr energiereich und können die Körperstrukturen beschädigen. Bei der PET werden allerdings so kleine Mengen radioaktiver Stoffe verwendet, dass die Patienten keine feststellbaren Schäden tragen. Da die verwendeten Radionuklide kurze Halbwertszeiten haben, klingt die Radioaktivität schnell ab. Die Tracer sammeln sich im Zielorgan und belasten dadurch nicht den ganzen Körper. Eine PET-Untersuchung entspricht für den Patienten dem Zwei- bis Dreifachen der natürlichen jährlichen Strahlenbelastung. [1] Eine größere Gefahr besteht für die Ärzte, die dauerhaft der Strahlung ausgesetzt sind. [8]

6 Krebsdiagnostik

Krebs zählt zu einer der häufigsten Todesursachen. Im Jahre 2002 starben in Deutschland 209.576 Menschen an unterschiedlichen Formen dieser Erkrankung. [1] Um Krebs wirksam behandeln zu können, muss bekannt sein, um welche Form es sich handelt, wie weit die Krankheit sich schon entwickelt hat und ob die ausgewählte Therapie Erfolge bringt. Um diese

Informationen zu erhalten ist ein exaktes Diagnoseverfahren notwendig. PET eignet sehr gut für die Krebsdiagnostik, da genaue Informationen über die Krankheit früher als bei anderen bildgebenden Verfahren vorhanden sind. Im Folgenden wird die medizinische Anwendung von PET am Beispiel der Krebsdiagnostik vorgestellt.

6.1 Vorteile von PET

Vor der Therapie ermöglicht die PET die Suche nach dem Krebsherd. Bei einer Ganzkörperuntersuchung werden auch kleine Tumore entdeckt. Die Bösartigkeit der Tumoren und das Krankheitsstadium werden festgestellt, wodurch unnötige Operationen verhindert werden. Während der Therapie kann der Erfolg frühzeitig überprüft werden. Schlägt eine Therapie fehl, hat der Arzt noch Zeit die Therapie oder die Wirkstoffkombination zu ändern. [1, 8]

Nach einer Operation hilft PET bei der Suche nach *Rezidiven*. Rezidive sind Krebszellen, die zurückgeblieben sind, und sind deshalb gefährlich, da sie zu neuen Tumoren heranwachsen können. [1]

6.2 Ablauf der Untersuchung

Patienten müssen für die Untersuchung nicht stationär aufgenommen werden. Das Radiopharmakon wird dem Patienten injiziert und verteilt sich in den darauffolgenden 50 bis 75 Minuten im Körper. Anschließend wird der Patient auf einer Liege fixiert um Bewegungen zu vermeiden, die zur schlechteren Bildqualität führen. Zunächst erfolgt der CT-Scan, damit gleich eine Korrektur mit den anatomischen Daten möglich ist. Der PET-Scan wird daran angeschlossen.

Die aktuelle Position des Patienten wird als *Bettlage* bezeichnet. Für eine PET-Komplettuntersuchung sind mehrere Bettlagen notwendig, da der Patient schrittweise untersucht wird. Die genaue Dauer einer Bettlage ist vom Modell des Scanners abhängig und dauert im Durchschnitt zwei bis vier Minuten. Für die Komplettuntersuchung des Körpers sind meistens acht bis zwölf Bettlagen nötig. [8]

Nach der Untersuchung werden die Bilder berechnet. Die Ärzte erhalten Informationen über die Position, Anzahl und Größe der Tumoren, können erkennen, ob die ausgewählte Therapie wirksam ist und ob eine OP nötig ist.

7 Zusammenfassung

Die moderne Medizin ist ohne der Positronen-Emissions-Tomographie nicht denkbar. PET wird in der Onkologie, Neurologie und Kardiologie aktiv genutzt und gewinnt immer mehr an Bedeutung. Sie schafft eine interdisziplinäre Brücke zwischen Biologie und Physik, wobei es in beiden Bereichen Verbesserungspotenzial gibt. Durch Optimierung der Detektoren können beispielsweise höhere Auflösung und Zählraten erzielt werden. Die Aufnahmezeit wird dadurch kürzer und die Patienten werden weniger belastet. Die Verwendung neuer Biomoleküle erweitert die Anzahl diagnostizierbarer Krankheiten und kann neue Erkenntnisse über die Stoffwechselprozesse im Körper liefern. Auch die Software zur Berechnung der Bilder kann optimiert werden um die Ergebnisse schneller aus den Daten zu erzeugen.

In dieser Arbeit wurden die Grundlagen, die Funktionsweise und die medizinische Anwendung der PET behandelt. Es wurde gezeigt, dass PET nur durch eine Verbindung vieler Bereiche und Disziplinen entstehen konnte. Der Erfolg der Positronen-Emissions-Tomographie kann mit dieser Tatsache begründet werden. Die *Zusammenarbeit* vieler Wissenschaftler, Ärzte und Techniker hat die Medizin weiter gebracht.

Abbildungsverzeichnis

Literatur

[1]   Deutsche Gesellschaft für Nuklearmedizin. *PET: Im Kampf gegen Krebs (Infobroschüre)*.
      `http://www.nuklearmedizin.de/docs/pet_bro_06.pdf`. (Besucht am 07.11.2013).

[2]   P. Barenstein; Ludwig-Maximilians-Universität München. *PET und PET/CT: Prinzip
      und Anwendung (Vorlesungsfolien)*. `http://nuk.klinikum.uni-muenchen.de/files/`
      `Nuklearmedizin_Vorlesung_2.pdf`. (Besucht am 07.11.2013).

[3]   Leifi Physik. *Positronen-Emissions-Tomographie (PET)*. `http://www.leifiphysik.`
      `de/themenbereiche/anwendungen-der-kernphysik/lb/radioaktive-strahlung-`
      `der-medizin-positronen-emissions`. (Besucht am 07.11.2013).

[4]   Wikimedia.org. *Abbildung, siehe Abbildungsverzeichnis*. `http://upload.wikimedia.`
      `org/[...]`. (Besucht am 07.11.2013).

[5]   CERN Website. *The Standard Model*. Englisch. `http://home.web.cern.ch/about/`
      `physics/standard-model`. (Besucht am 07.11.2013).

[6]   Joachim Mnich. *Einführung in das Standardmodell (Seminar Astro- und Teilchenphy-
      sik Experimente)*. `http://web.physik.rwth-aachen.de/~fluegge/Vorlesung/`
      `Seminare/sem03vortr/vortrag.ps`. (Besucht am 07.11.2013).

[7]   Ядерная физика в Интернете. *Антивещество (Antimaterie)*. Russisch. `http://`
      `nuclphys.sinp.msu.ru/enc/e005.htm`. (Besucht am 07.11.2013).

[8]   Dr. med. Benjamin Kläsner. *PET im Klinikum Bogenhausen (Interview)*. März 2013.

[9]   Ядерная физика в Интернете. *Аннигиляция (Annihilation)*. Russisch. `http://nucl`
      `phys.sinp.msu.ru/enc/e004.htm`. (Besucht am 07.11.2013).

[10] НИИЯФ МГУ. *Аннигиляция позитронов в веществе (Annihilation von Positronen in Materie)*. Russisch. http://lib.qserty.ru/static/tutorials/01_textbook/index-765.htm. (Besucht am 07.11.2013).

[11] Bonner Universitätsklinik für Epileptologie. *Nuklearmedizinische Bildgebung: Positronen-Emissions-Tomographie*. http://epileptologie-bonn.de/cms/upload/homepage/lehnertz/NukMed4.pdf. (Besucht am 07.11.2013).

[12] Sebastian Streubel. „Aufbau eines PET-Demonstrations-Experimentes und Anwendung von dessen FADC-basiertem Datenaufnahmesystem für Photoelektronenspektroskopie". Magisterarb. Westfälische Wilhelms-Universität Münster, Januar 2009.

[13] Radiologiezentrum Karlsruhe. *Die Computertomographie*. http://www.rad-zep.de/site/inhalt/Untersuchungen/Computertomographie.html. (Besucht am 07.11.2013).

[14] „Medical Image Registration". In: Hrsg. von Joseph Hajnal, Derek Hill und David Hawkes. CRC Press, 2001, 199–216.

[15] Ronald Grazioso. *APD-based PET detector for simultaneous PET/MR imaging*. http://www.sciencedirect.com/science/article/pii/S0168900206014574. (Besucht am 07.11.2013).

[16] Philips. *Gemini TF PET/CT*. http://www.healthcare.philips.com/main/products/nuclearmedicine/products/geminitf/index.wpd. (Besucht am 07.11.2013).

[17] Prof. Dr. Wolfgang Mohnike. *Rolle der PET/CT in der Diagnostik von Kopf/Hals-Tumoren*. http://www.kehlkopflose-berlin.de/symposium/2Mohnike.pdf. Dezember 2008. (Besucht am 07.11.2013).

[18] University of Pittsburgh Medical Center. *Website*. http://www.upmc.com/patients-visitors/education/PublishingImages/T-Z/PETCT-1.jpg. (Besucht am 07.11.2013).

[19] Johannes Ammer. *Chemie unter Zeitdruck*. Süddeutsche Zeitung Nr. 138 (17.06.2011), Seite 18.

[20] Yu Sidney. *Review of ^{18}F-FDG synthesis and quality control*. http://www.ncbi.nlm.nih.gov/pmc/articles/PMC3097819/pdf/biij-02-e57.pdf. Dezember 2006. (Besucht am 07.11.2013).

[21] Philips. *Gemini TF PET/CT (Titelbild)*. http://www.newscenter.philips.com/pwc_nc/main/shared/assets/downloadablefile/Gemini_Time_of_Flight_PET_CT-15748.jpg. (Besucht am 08.11.2013).